园艺植物与菌类原色图鉴

名优果树
原色图鉴

梁春莉　于立杰　主　编

中国农业大学出版社
·北京·

内容简介

本书以全彩的形式呈现 25 种木本落叶果树、24 种木本常绿果树和 4 种多年生草本果树的高清原色图片，详细介绍了这些果树起源分类、生物学特性、栽培习性与品种以及应用价值。

随着经济、交通和物质生活水平提高，人们对水果的需求和消费方式都有很大变化，许多新奇水果开始进入寻常百姓家，同时，伴随休闲农业和家庭农场的出现与兴起，越来越多的人对果树产生兴趣。本书科普性和专业性并重，内容新颖，图文并茂，有助于人们了解这些果树、水果，也可为生产者提供参考。

图书在版编目（CIP）数据

名优果树原色图鉴 / 梁春莉，于立杰主编 . -- 北京：中国农业大学出版社，2022.8

ISBN 978-7-5655-2846-0

Ⅰ . ①名⋯　Ⅱ . ①梁⋯ ②于⋯　Ⅲ . ①果树—图谱　Ⅳ . ① S66-64

中国版本图书馆 CIP 数据核字（2022）第 141786 号

书　　名	名优果树原色图鉴			
作　　者	梁春莉　于立杰　主编			
策划编辑	林孝栋　康昊婷		责任编辑	李卫峰
封面设计	郑　川			
出版发行	中国农业大学出版社			
社　　址	北京市海淀区圆明园西路 2 号		邮政编码	100193
电　　话	发行部 010-62731190，3489		读者服务部	010-62732336
	编辑部 010-62732617，2618		出 版 部	010-62733440
网　　址	http://www.caupress.cn/		E-mail	cbsszs@cau.edu.cn
经　　销	新华书店			
印　　刷	涿州星河印刷有限公司			
版　　次	2022 年 9 月第 1 版　　2022 年 9 月第 1 次印刷			
规　　格	148 mm×210 mm　　16 开本　　4.75 印张　　145 千字			
定　　价	49.00 元			

编写人员

主　编　梁春莉　于立杰

副主编　卜庆雁

参　编　张力飞　孟凡丽　郜文生　于强波　刘淑芳

前　言 PREFACE

　　果树生产是农业的重要组成部分，近年来，我国人民的食物消费组成发生了深刻变化，水果已经成为人们金字塔饮食结构中的重要组成要素。随着交通运输越来越便利，超时令反季节果品的销售区域进一步扩大，水果消费的地区性差异越来越小，市场对优质新奇果品的需求与日俱增，使得果树生产规模进一步扩大。据报道，2019 年，我国果园总面积达到 1.84 亿亩，2020 年达到 2 亿亩。由于各类果品色鲜味美，含有丰富的营养物质，水果美容养颜、药用保健等一系列应用新形态近几年也风靡起来，这些因素都急速推动果业发展。总之，果品生产将会出现新的发展高潮。

　　大部分人对于优良果品的认识仅停留在口感上，对于优质果品的价值，生产果品的载体果树的历史、分布、生物学特性、栽培习性等了解甚少。本书结合辽宁农业职业技术学院及众多科研院所果树生产经验，综合众多果树科研工作者潜心研究的成果，配合丰富而精美的图片，对三大类 53 种果树进行了介绍。书中通过介绍各类果树的历史、分布，使读者了解国内外果树种质资源分布特征，

有利于更充分地利用我国优良的果树种质。书中介绍了各类果树的生物学特性及栽培特点，这对于果树栽培者意义极大，栽培者在开展果树栽培之前应了解掌握各类果树的生物学特性及栽培特点，根据这些特性，有的放矢地采用各种栽培措施。书中还介绍了每类果品的应用价值，为健康食用果品和正确开发果品提供有益借鉴。

本书编写过程中得到海南大学王世锋教授和山东果树研究所田寿乐副教授的大量帮助，在这里表示感谢。本书编写过程中参考了有关单位和专家的文献资料，在此表示诚挚的感谢。由于编者水平和时间所限，疏漏之处在所难免，敬请读者批评指正。

编　者

2022 年 6 月

目　录

CONTENTS

木本落叶果树

阿月浑子 /2

板栗 /4

扁桃 /8

果桑 /10

海棠 /12

核桃 /14

黑加仑 /16

梨 /18

蓝莓 /22

李 /24

猕猴桃 /28

欧李 /30

苹果 /32

葡萄 /37

桤叶唐棣 /42

山楂 /44

石榴 /46

柿 /48

树莓 /50

桃 /53

无花果 /55

杏 /57

樱桃 /60

枣 /64

榛 /67

木本常绿果树

澳洲坚果 /72

波罗蜜 /74

橙 /78

番木瓜 /80

番石榴 /82

佛手 /84

橘子 /86

荔枝 /88

莲雾 /90

榴莲 /93

龙眼 /95

芒果 /97

柠檬 /101

诺丽 /103

枇杷 /107

人心果 /109

山竹 /111

酸梅 /113

西番莲 /115

腰果 /117

杨梅 /120

杨桃 /121

椰子 /123

柚子 /125

多年生草木果树

菠萝 /128

草莓 /131

火龙果 /135

香蕉 /138

参考文献 /140

附录 /142

木本落叶果树

阿月浑子

起源分类 阿月浑子属干旱亚热带漆树科黄连木属植物，又名胡榛子、无名子、开心果。原产于亚洲西部，人工栽培有 3 500 多年。唐朝时由阿拉伯人传入中国，主要集中分布在新疆天山以南的喀什、和田、阿克苏地区。

生物学特性 阿月浑子为小乔木，高 5～7 m，奇数羽状复叶互生。雌雄异株，圆锥花序，成熟时果实黄绿色至粉红色。

栽培习性与品种 阿月浑子喜光，在海拔 600～1 200 m 的阳坡山地、深厚石灰质土壤、排水良好的沙壤土上建园最佳。阿月浑子不耐涝，可耐 0.2％ 盐碱，生长季节要求平均气温为 24～26 ℃。栽培种有中亚类群和地中海类群两类，地中海类群不耐旱，不抗寒，一般气温下降到 −9 ℃时就会发生冻害。我国种植的品种属中亚类群。主要品种有早熟阿月浑子、短果阿月浑子、长果阿月浑子。

阿月浑子坐果

应用价值 阿月浑子果仁营养极为丰富，不仅可以鲜食、炒食，还广泛用于制糖、糕点、烤面包、干果罐头等食品工业及榨油。阿月浑子树可制作高档家具和雕刻细木工艺品；果仁可药用，对心脏病、肝炎、胃炎和高血压等疾病均有疗效。

阿月浑子果实

板栗

起源分类 板栗原产于中国，是壳斗科栗属植物，又名栗、中国板栗。经济栽培区南起海南，北达吉林，东起东部沿海地区，西至云南，达21个省区。主要产区集中于黄河流域的华北、西北地区和长江流域各省区。

生物学特性 板栗为落叶乔木，树势强健，高15～20 m。单叶，椭圆或长椭圆状，雌雄同株，雄花为直立柔荑花序，雌花集生于枝条上部的雄花序基部，2～3朵生于一有刺的总苞内，花期5—6月，果实成熟期9—10月。

栽培习性与品种 板栗生长适宜的年平均气温为10.5～21.7 ℃，喜湿但怕涝。板栗对土壤酸碱度较为敏感，适宜在pH 5～6的微酸性土壤上生长。中国的板栗品种大体可分北方栗和南方栗两大类：北方栗坚果较小，果肉糯性，适于炒食；南方栗坚果较大，果肉偏粳性，适于菜用。

应用价值 板栗富含蛋白质、脂肪、碳水化合物、钙、磷、铁、锌、多种维生素等营养成分，有强身健体的作用。

板栗叶片

板栗开花　　　　板栗新梢

板栗坐果

板栗树

成熟的板栗果实

果苞裂口

扁桃

起源分类 扁桃是蔷薇科李属植物，多年生落叶果树，别名巴旦杏、甜扁桃、甜杏仁、美国大杏仁、巴旦木。扁桃原产中亚细亚和非洲北部山区，唐代引入我国，栽培历史已有1 000多年，主产区在新疆、陕西、甘肃等地。

生物学特性 扁桃为乔木或灌木，高3～6 m，叶片披针形或椭圆状披针形，花瓣白色至粉红色。雄蕊长短不齐，花期3—4月，果期7—8月。

栽培习性与品种 扁桃喜光，需要长日照，不耐阴，不宜密植。地下水位高于3.0～3.5 m的地区不适于栽植扁桃。扁桃对土壤的适应力很强，pH为7～8的壤土和沙壤土最适宜生长。据新疆扁桃所的调查鉴定，中国约有35个扁桃品种，其中药用6个，苦仁4个，较优良的品种14个。

扁桃树

应用价值 扁桃仁中含丰富的维生素A、维生素B_1、维生素B_2、维生素E、杏仁素酶、苦杏仁苷、消化酶及多种矿质元素，维生素B_2和维生素E的含量高于花生和核桃。扁桃仁含少量蛋白质，但脂肪含量高。扁桃仁可生吃，去皮吃或烹食，也可添加到糕点中。

扁桃开花

扁桃坐果

加工后的扁桃果

果桑

起源分类 果桑是以结果为主、桑叶兼用的桑树的统称。果桑是桑科桑属多年生木本植物，原产于我国中部，有 4 000 多年的栽培历史，栽培范围广泛，以长江中下游各地栽培最多。垂直分布大都在海拔 1 200 m 以下。

生物学特性 桑树树形开张，树皮通常作鳞片状剥落；小枝细，叶互生，卵形，雌雄异株；花果极多，花期 4—5 月，果期 5—7 月。

栽培习性与品种 桑树适应性较广，土壤 pH 4.5～8.5、含盐量接近 0.2%、气温 12～40 ℃、年降雨量 300 mm 以上的地区均适合种植。目前栽植的优良果桑品种有无核大十、红果 2 号、白玉王、龙桑、台湾长果桑、四季果桑等。

应用价值 桑葚含有丰富的葡萄糖、蔗糖、果糖、胡萝卜素，含 7 种维生素以及人体必需的 16 种氨基酸和钙（Ca）、铁（Fe）、锌（Zn）、硒（Sa）等微量元素。桑葚除鲜食外，还可加工成罐头、蜜饯、果汁等。桑葚酒具有软化血管、增强免疫功能的作用。

长粒果桑

果桑树

果桑坐果

长粒果桑

果桑果实成熟

海棠

起源分类 海棠又名楸子、海红，因为果实上有八道棱状突起，又叫八棱海棠、大八棱，是蔷薇科苹果属植物。海棠原产我国，现主要分布在华北，河北怀来是知名的产地之一。

生物学特性 海棠是落叶小乔木，高 3～10 m。小枝幼时有毛。叶卵圆形至椭圆形，花白色或稍带红色，单瓣，萼片宿存。果圆形或卵圆形。

栽培习性与品种 适应性强，喜光，抗旱，耐涝、耐碱，抗寒力强，对土壤的要求不严格。海棠根据不同的植物分类主要有6种：红海棠、白海棠、湖北海棠、西府海棠、垂丝海棠、贴梗海棠。

应用价值 海棠果中维生素、有机酸含量较为丰富，能帮助胃肠对食物进行消化。海棠的花、根、果实均可入药，能祛风湿、平肝舒筋，主治风湿疼痛、脚气水肿、吐泻引起的转筋、妇女不孕，尿道感染等症。

海棠果实发育

海棠开花

海棠树

海棠坐果

海棠果实成熟

核桃

起源分类 核桃又称胡桃、羌桃，为胡桃科胡桃属果树。它与扁桃、腰果、榛子合称为四大干果。中国是世界核桃起源中心之一，除东北和长江中下游较少外，很多省市都有较大面积的栽培。

生物学特性 核桃为落叶乔木，树高 3～5 m，树冠半圆形，叶片羽状复叶。核桃树一般雌雄同株异花，雄花为柔荑花序，雌花呈总状花序，着生在结果枝顶端。花期 4—5 月，果实成熟期 8—9 月。

栽培习性与品种 核桃生长的最适年平均温度为 9～16 ℃，极端最高温度为 38 ℃（超过 38 ℃，果实易被灼伤），极端最低温度为 –25 ℃，有霜期 180 d 以下。核桃喜光，耐寒，抗旱、抗病能力强，适应多种土壤生长。目前薄壳核桃品种辽核 1 号、中林 1 号、香玲、元丰等栽培面积较大。

应用价值 核桃果实营养丰富，含有丰富的蛋白质、脂肪、矿物质和维生素。孕妇多食核桃仁利于婴儿头顶囟门提早闭合；少年常食核桃仁利于大脑发育；青年多食核桃仁可润肌黑发，固精治燥；中老年人常食核桃仁有防治心脑血管疾病、延年益寿等功效。

核桃果园

核桃树雄花序

核桃树雌花序

核桃坐果

核桃果实

黑加仑

起源分类 黑加仑学名黑穗醋栗，属茶藨子科醋栗属灌木。黑加仑的原产地之一是我国新疆，目前国内黑加仑的栽培区域集中在黑龙江和新疆。

生物学特性 黑加仑株高 50～150 cm，株丛直径 1.2 m 左右，叶片掌状 3～5 浅裂，幼枝浅黄或棕褐色，结果后形成短果枝群。

栽培习性与品种 黑加仑属耐寒树种，栽培北界达北极圈以内。黑加仑是喜光喜水植物，适于土层深厚、腐殖质多、疏松肥沃的土壤。黑加仑成熟时常用人工采收，较费工夫。东北农业大学选育的"不劳德"和黑龙江农业科学院浆果研究所选育的"黑丰"品种由于果实大、品质好和抗寒性强，是目前黑加仑的主栽品种。

应用价值 黑加仑含大量的维生素和矿物质元素，以维生素 C 和维生素 P 等生理活性物质的含量最为丰富，其中以维生素 C 的含量最高，在鲜果中含量可达到 1 400 mg/kg 左右，高于苹果等其他果树几十倍，是加工果汁、酿造果酒、制作果酱、果脯的上好原料。

黑加仑叶片

黑加仑植株

黑加仑坐果

黑加仑人工采收

梨

起源分类 梨为蔷薇科梨属植物，是起源于中国的多年生落叶乔木果树，我国栽培历史在3000年以上，中国梨栽培面积和产量仅次于苹果。河北、山东、辽宁三省是中国梨的集中产区，栽培面积占全国一半左右，产量约占60%，其中河北省年产量约占我国总产量的1/3。

生物学特性 梨树高约3 m，树形多用纺锤形。叶芽小而尖，花多白色，混合花芽，花芽较肥圆，呈棕红色或红褐色，稍有亮光，花序为伞房状聚伞花序，开花顺序与苹果相反，是边花先开，中心花后开。

栽培习性与品种 梨树对外界环境的适应性比苹果强。耐寒、耐旱、耐涝、耐盐碱。以沙质壤土山地栽植最理想。主要品种有白梨（鸭梨、雪花梨、秋白梨、早金酥梨）、沙梨（翠伏梨、水晶梨、幸水梨）、秋子梨（京白梨、南果梨、花盖梨）、洋梨（巴梨）。

应用价值 梨树全身是宝。梨皮、梨叶、梨花、梨根均可入药，梨木是雕刻印章和制作高级家具的原料。中医学认为梨味甘、性寒，有润肺、祛痰、清热、解毒等功效。梨果实是"百果之宗"，因其鲜嫩多汁、酸甜适口，所以又有"天然矿泉水"之称。

梨树纺锤树形

梨树花芽

梨树开花

梨树盛花期

梨树坐果

早金酥梨

花盖梨果实

南果梨

早金酥梨丰产状

蓝莓

分级后蓝莓大果

起源分类 蓝莓名称来源于英文 blueberry，学名越橘，属杜鹃花科越橘属植物。蓝莓栽培最早的国家是美国，但至今也不到百年的栽培史。我国的蓝莓栽培主要分布于山东、吉林、辽宁、江苏、贵州、云南等省，其中山东省产业化种植面积最大，辽宁庄河有机蓝莓种植基地是后起之秀。

生物学特性 蓝莓不同品种间树高差异较大，兔眼蓝莓高达 7 m，而红豆蓝莓只有 15～30 cm。蓝莓花为总状花序，果实成熟期为 7 月至 8 月上旬。

栽培习性与品种 蓝莓适应性强，喜酸性土壤，一般要求土壤 pH 4.5～5.5；土壤应松软，有机质含量一般为 8%～12%。蓝莓喜湿润，抗旱性差。蓝莓的栽培种类有三大类，即高丛蓝莓、矮丛蓝莓和兔眼蓝莓。

应用价值 蓝莓可加工成果酒、果汁、果醋、果脯等。蓝莓果实含有丰富的类黄酮物质，具有抑制血小板凝集的作用，可以预防血栓的形成，减少动脉硬化的发生。蓝莓果实的花色苷对眼睛有良好的保健作用，能够减轻眼疲劳及提高夜间视力。蓝莓中含有紫檀芪的自然化合物，有助于阻止癌症前期对身体造成损害。

蓝莓树

蓝莓开花

花期蜜蜂授粉

蓝莓结果

李

起源分类 李树原产于中国，蔷薇科李属植物。目前商业生产的李常被分为中国李和欧洲李两大类。在 20 世纪 80 年代初，我国在辽宁熊岳建立了国家李杏资源圃。

生长习性 李树叶片呈长圆倒卵形或长圆卵圆形，树体以短果枝及花束状短果枝结果为主。花通常 3 朵并生，花瓣白色，花期在 4 月中旬，果实成熟集中在 7—8 月。

品种类型 李树对气候的适应性较强，对土壤要求不严格，但极不耐积水，果园排水不良常致使烂根。李树优新品种有大石早生、长李 15 号、幸运李、秋红、黑琥珀、龙园秋李、红良锦、黑宝石、秋姬等。

应用价值 李子对肝有较好的保养作用。

李树花束状果枝

李树开花

李果实膨大

大石早生果实

龙园秋李果实

幸运李果实

紫李果实

秋红果实

猕猴桃

起源分类 猕猴桃又称阳桃,是猕猴桃科猕猴桃属落叶木质藤本植物。我国将其作为野生水果食用已有 1 000 年的历史。猕猴桃比较密集的分布区域主要在秦岭以南横断山脉以东地区。猕猴桃三大主栽区,一是河南的伏牛山、桐柏山、大别山区,二是陕西秦岭山区,三是湖南省的西部。

生物学特性 猕猴桃株高 8 m 以上。花开时乳白色,后变黄色,单生或数朵生于叶腋。猕猴桃的植株是分雌雄的,果熟期 8—10 月。

栽培习性与品种 猕猴桃喜温暖湿润、阳光充足、土壤疏松肥沃、排水良好的环境,在年平均气温 10 ℃以上的地区均可生长。在国内外作为商品栽培的主要品种是中华猕猴桃和美味猕猴桃,目前软枣猕猴桃研究也逐渐引起重视。

应用价值 世界上消费量最大的前 26 种水果中,猕猴桃的营养最为丰富全面。猕猴桃维生素 C 的含量在水果中名列前茅,在前三名低钠高钾水果中,猕猴桃由于较香蕉及柑橘含有更多的钾而位居榜首。

猕猴桃植株

中华猕猴桃

狝猴桃开花

美味猕猴桃

软枣猕猴桃

狝猴桃果肉

欧李

起源分类 欧李是蔷薇科樱属多年生落叶小灌木，广泛分布于我国的黑龙江、辽宁、内蒙古、河北、山东、山西等省区。

生物学特性 欧李叶互生，叶片倒卵形或椭圆形，花白色或浅粉红色，果实近球形。

栽培习性与品种 欧李适应性强，在土壤pH为6.3～7.8、年均温4.8～16.6 ℃、年降雨量不低于400 mm、冬季日平均气温低于7.2 ℃的天数在1个月以上的地区均可栽植。欧李以野生品种居多，山西农业大学经过驯化优选了三个优良品种，分别为农大3号、农大4号、农大5号，目前采用组培和扦插方式育苗。

应用价值 欧李果实富含钙，是一种天然无副作用且非常容易吸收的补钙水果，因此又被称为钙果。果实中含有糖分、蛋白质、矿物质、维生素和氨基酸等多种营养元素。欧李果仁可入药，药用称为郁李仁。果实可加工成果汁、果酒、蜜饯等。

欧李树

欧李开花

欧李果实

尖长果形欧李

苹果

起源分类 苹果属于蔷薇科苹果属落叶乔木。苹果原产于欧洲、中亚和我国新疆西部一带，栽培历史已有 5 000 年以上，在我国东北南部及华北、华东、西北和四川、云南等地均广泛栽培。西北黄土高原产区和渤海湾产区是我国最适苹果栽培的产区，其出口量占全国的 90% 以上。

生物学特性 苹果树高可达 15 m，栽培品种树高一般控制在 3～5 m。树形多为纺锤形。苹果叶片椭圆形，花期 4—5 月，果期 7—11 月。

栽培习性与品种 苹果喜光，喜微酸性到中性土壤，最适于土层深厚、富含有机质、通气排水良好的沙质土壤。目前栽培的苹果品种有 400 多个，主要属于元帅、富士、金冠三大系统。我国北方栽培品种以红富士、国光、金冠、红星为主，其栽培面积占苹果栽培总面积的 70% 以上。近年红肉苹果、寒富、山沙、嘎拉、红王将、绿帅、华红、美国八号、岳帅等品种栽培面积发展迅速。

应用价值 苹果中含有丰富的糖类、维生素和微量元素。尤其维生素 A 和胡萝卜素的含量较高，被科学家称为"全方位的健康水果"。

苹果纺锤形树体

苹果叶片

红肉苹果树幼叶

苹果树开花

红肉苹果树开花

红肉苹果幼果

嘎拉果实

"红色之爱" 红肉苹果

鸡心果

珊夏果实

美国八号果实

红肉苹果的红色果肉

富士苹果丰产状

乙女苹果丰产状

葡萄

起源分类 葡萄是葡萄科葡萄属落叶藤本果树，原产于欧洲、西亚和北非一带。我国最大的葡萄产区是新疆，其集中产地是吐鲁番盆地及和田地区，其次为山东和河北，著名的产地有山东平度大泽山和河北张家口地区。

生物学特性 葡萄叶掌状，互生，3～5缺裂，复总状花序，通常呈圆锥形，葡萄开花授粉受精后整个花序变成果穗。

栽培习性与品种 葡萄属于温带植物，最适宜的生长温度在10～20 ℃。葡萄耐旱忌湿，喜光，对土壤的要求不严格。目前栽植的优良鲜食品种较多，如晚红、辽峰、晚无核、美人指、夕阳红、夏黑、户太八号等。

应用价值 葡萄除鲜食外，加工制品也较多，如葡萄酒、葡萄干、葡萄果汁等也很受欢迎。葡萄中含有一种抗癌物质——白藜芦醇，具有防止健康细胞癌变、阻止癌细胞扩散的功能。葡萄制干后，糖分和铁的含量均相对提高，是儿童、妇女和体虚贫血者的滋补佳品。

葡萄果园（左棚架，右篱架）

葡萄新梢及花序　　　　　　葡萄开花

红提葡萄　　　　　　美人指葡萄

辽峰葡萄

晚无核葡萄

粉红亚都蜜葡萄

寒香蜜葡萄

夕阳红葡萄

京秀葡萄

巨玫瑰葡萄

龙眼葡萄

甜蜜蓝宝石葡萄

无核白鸡心葡萄

奇妙无核葡萄　香妃葡萄

桤叶唐棣

起源分类 桤叶唐棣是蔷薇科唐棣属落叶小乔木或灌木，原产于北美洲阿拉斯加中部到科罗拉多的落基山脉地区，目前在英国、俄罗斯、丹麦均有引种栽培，适合我国长江以北至黑龙江地区推广栽植。

生物学特性 桤叶唐棣新梢 5 月初开始生长，5 月下旬至 6 月初生长进入高峰，新梢年增长幅度为 36～103 cm，树径年增长幅度为 3.2～5.3 mm。开花初期为 4 月下旬，花期 20 d 左右，花初开白色，逐渐变为粉红色。5 月中下旬幼果开始膨大，颜色由青绿色经黄白色、淡红色、粉红色、褐色，最终变成黑褐色，从幼果膨大到果实成熟一般需 26 d 左右。

栽培习性与品种 桤叶唐棣喜光、耐旱、耐寒，对气候条件适应范围很广，分布区域为亚寒带和温带大陆性干旱、半干旱气候区。我国栽培的桤叶唐棣多从加拿大引种驯化，目前引入较多的是 Martin、Smoky-3、Thiessen 三个适合半干旱地区且品质优良的品种。

应用价值 桤叶唐棣果实营养丰富，果实含糖 11％～19％，蛋白质 1.9％～9.7％。每 100 g 鲜果含钙 88 mg，为百果之首，并且含镁 400 mg、钾 300 mg、铁 79 mg、锌 3.28 mg 等，还含钠、锰等微量元素，含 18 种氨基酸及胡萝卜素。果实除鲜食外，可用于酿酒及制作食品、饮料和药品等。花色鲜艳美观，具有观赏价值，也是不可多得的园林绿化树种。

桤叶唐棣叶片

椴叶唐棣坐果

椴叶唐棣果实成熟

山楂

起源分类 山楂是我国特有的蔷薇科山楂属落叶小乔木，栽培历史已有 3 000 多年。在我国主要产地有山东、辽宁、河北、河南、山西、江苏、云南等省。

生物学特性 山楂叶片呈三角状卵形至棱状卵形，托叶线形，基部与叶柄合生。枝有细刺，幼枝有柔毛。新梢紫褐色，老枝灰褐色。山楂为伞房花序，每花序一般有花 15～30 朵。果期 9—10 月。

栽培习性与品种 山楂喜凉爽而湿润的环境。耐寒，能忍耐 –36 ℃的低温。耐热，能忍受 43 ℃的高温。对土壤要求不严，但低洼地、盐碱地、重黏土等不宜种植山楂。优良鲜食品种有大五棱、蒙山红、超金星等。

应用价值 山楂果实中铁、钙等矿物质和胡萝卜素、维生素 C 的含量均超过苹果、梨、桃和柑橘等水果。蛋白质含量是苹果的 17 倍，含钙量更在水果中名列前茅。

山楂新梢

山楂花序

山楂开花

山楂坐果

山楂果实转色

山楂成熟果

石榴

　　起源分类 石榴，别名安石榴、海榴，是石榴科石榴属木本果树。石榴原产伊朗及阿富汗、阿塞拜疆、格鲁吉亚等中亚地带。在我国的栽培历史近2 000年，现在我国南北各地除极寒地区外均有栽培分布，陕西临潼、山东枣庄、安徽怀远、四川会理、云南蒙自和会泽、新疆叶城等6大石榴主产区最为著名。

　　生物学特性 石榴树高一般3～4 m，叶呈倒卵形或椭圆形，花多为朱红色，也有黄色和白色，钟状花。花期5—6月。石榴花被列为农历5月的"月花"，称五月为"榴月"。果熟期9—10月。

　　栽培习性与品种 石榴对土壤要求不严，一般以土层深厚的沙壤土或壤土为好。石榴性喜温，生长期内的有效积温要求在3 000 ℃以上，冬季最低温不能低于−17 ℃，否则易造成冻害。石榴品种资源150多个，分为观赏和食用两大类，其中结实品种140多个，观赏品种及其变种10个以上。

　　应用价值 石榴果实含有多种氨基酸和微量元素，有助消化、抗胃溃疡、软化血管、降血脂和血糖、降低胆固醇等多种功能。石榴花有止血功能，用石榴花泡水洗眼有明目的效果。

石榴成熟果实

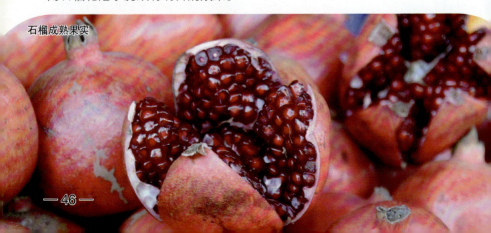

石榴树

石榴坐果

石榴开花

石榴五角萼片

柿

起源分类 柿属柿科柿属果树，原产于我国长江和黄河流域，已有2 000年的栽培历史，我国是世界上产柿最多的国家，年产鲜柿70万t，主产区在山东、河北、河南、江苏、安徽、北京、天津等地。

生物学特性 柿树为落叶乔木，树最高达20 m。叶阔椭圆形。花雌雄异株或杂性同株，柿树结果属于单性结实，两性花坐果较小，因此以雌性花的多少衡量果树坐果能力。

栽培习性与品种 柿树为强阳性树种，耐寒，喜湿润，也耐干旱，能在空气干燥而土壤较为潮湿的环境下生长。柿子根据其在树上成熟前能否自然脱涩分为涩柿和甜柿两类。在柿树栽培与驯化过程中，育种者培育了许多优良品种，如河南渑池的牛心柿，产于华北的"世界第一优良种"大盘柿，河北、山东一带出产的莲花柿、镜面柿等。

柿树

应用价值 甜柿果实可以直接食用，涩柿则需要人工脱涩后方可食用。除鲜食外，柿还可以酿成柿酒、柿醋，加工成柿脯、柿粉、冻柿子等。新鲜柿含碘很高，能够防治地方性甲状腺肿大。柿富含果胶，它是一种水溶性的膳食纤维，有良好的润肠通便作用，对于纠正便秘、保持肠道正常菌群生长等有很好的作用。

柿树叶片

成熟的柿子

树莓

起源分类 树莓又称木莓、覆盆子，是蔷薇科悬钩子属多年生小灌木。树莓原产欧美各国，是目前正风靡世界的"第三代水果"。我国的野生树莓资源丰富，南到海南，北到大兴安岭，东到台湾，西到新疆均有分布。目前主要在东北地区、华北地区及江苏新疆栽培。

生物学特性 树莓树高2～3 m。幼枝绿色，有少数倒刺。单叶互生，花两性，花白色，花期3—4月，果期5—8月。

栽培习性与品种 树莓喜温暖湿润，要求光照良好的散射光。树莓生长要求土层深厚、有机质丰富、排水良好的壤土、沙壤土。树莓对风很敏感，大风会造成树莓的茎折断。防止措施是将茎捆扎起来搭架。树莓按照颜色分为红、紫、黄、黑树莓。

应用价值 树莓浆果除供鲜食外，还可以深加工成果酱、果汁、果酒等饮料和食品。树莓属高钾低钠果品，果实中抗衰老、清除氧自由基的天然成分超氧化物歧化酶（SOD）和 γ- 氨基丁酸的含量为水果之最。

树莓园

红树莓果实

树莓茎刺

树莓开花

紫树莓果实

除去花托的树莓果

桃

起源分类 桃属于蔷薇科桃属落叶小乔木。桃原产于我国的西北和西南部，栽培历史已有 4 000 多年，目前除黑龙江省不适宜种植外，全国各地均有栽培。

生物学特性 桃树高可达 8 m，栽培 3 m 左右。树形常用 "V" 形或自然开心形。叶片椭圆状披针形。桃树多为复芽，一般 3 芽并生，中间为叶芽，两侧为花芽。露地花期 3—4 月，果实由膨大至转色最后成熟需要 1 个多月。

栽培习性与品种 桃树喜光，耐旱、耐寒力强，在平地、山地、沙地均可栽培。桃树忌涝，冬季温度在 −25～−23 ℃以下桃树容易发生冻害。桃品种可分为北方品种群、南方品种群、黄肉桃品种群、蟠桃品种群、油桃品种群 5 个种群。

应用价值 桃不仅可以鲜食，还可以加工成糖水罐头、桃汁、桃酱、速冻桃片、果冻等多种食品。

桃复芽（三芽并生）　　　三芽萌发后状态

红色毛蟠桃

油桃

红色油蟠桃

黄色蟠桃

毛桃

无花果

起源分类 无花果属于桑科榕属植物，原产于欧洲地中海沿岸和中亚地区，唐朝时传入我国，目前新疆栽植较多，以药用为主。辽宁和吉林采用温室驯化栽培无花果，品质和产量也极佳。

生物学特性 无花果单叶互生。雄花生于花序托内面的上半部，雌花生于另一花序托内。聚花果梨形，熟时黑紫色；瘦果卵形，淡棕黄色。

栽培习性与品种 无花果栽培容易，适应性广，对环境条件要求不严，凡年平均气温在 13 ℃以上、冬季最低气温在 −20 ℃以上、年降水量在 400~2 000 mm 的地区均能正常生长挂果。无花果主要栽培品种有布兰瑞克、麦斯衣陶芬、金傲芬、紫陶芬、谷川、日本紫果等。

应用价值 无花果果实除鲜食、药用外，还可加工制干和制作果脯、果酱、果汁、果茶、果酒、饮料、罐头等。无花果果实的营养保健功能有清热生津、健脾开胃、解毒消肿。

无花果"V"形树形图

无花果叶片及叶腋坐果

金傲芬成熟果

日本紫果

无花果果肉

杏

起源分类 杏原产于我国，蔷薇科、杏属多年生落叶乔木。除南部沿海及台湾外，大多数省区都有种植，其中以河北、山东、山西、甘肃、陕西、宁夏、新疆等省区分布较多。

生物学特性 杏树树冠为圆形或自然半圆形，叶片成卵形、阔卵形，叶片边缘有细钝的锯齿。杏花有变色的特点，含苞时纯红色，开花后颜色逐渐变淡，花落时变成纯白色。果熟6—7月。

栽培习性与品种 杏树适应性较强，对土壤要求不严，除积水的涝洼地外，在丘陵、山地、平地、河滩地、高山都能种植，栽培广泛。主要栽培品种为金太阳、沙金红、红丰杏、新世纪杏、骆驼黄、串枝红等，加工型品种在新疆、青海、甘肃等西北干旱地带种植较多。

应用价值 杏果实可制成杏脯、杏酱等。杏仁主要用来榨油，也可制作食品，药用有止咳、润肠的功效。杏木质地坚硬，是做家具的好材料。

淡红色果皮—沙金红果实

杏树

杏树红色膨大花芽

杏树开花

黄白色果皮杏

黄色果皮杏

淡红色果皮——串枝红

樱桃

起源分类 樱桃为蔷薇科樱属落叶小乔木。目前栽培的主要种类为大樱桃，原产于亚洲西部和欧洲东南部，19世纪70年代传入我国。大樱桃栽培主要集中在山东烟台、辽宁大连、河北秦皇岛等地，其中烟台的面积和产量占全国的2/3以上。

生物学特性 樱桃株高可达8 m，叶卵圆形至卵状椭圆形，花3～6朵成总状花序，混合花芽，花瓣白色，核果，近球形。樱桃成熟期早，有早春第一果的美誉，号称"百果第一枝"。

栽培习性与品种 古语言"樱桃好吃树难栽"，樱桃喜温暖而润湿的气候，适宜在年平均气温15～16 ℃的地方栽培，樱桃在南方省区栽植较多。甜樱桃品种主要为欧美品种，要求一定的需冷量，在我国北方地区表现很好。樱桃果实颜色有红色和黄色两种，优良品种有红灯、早红等。

应用价值 一般水果铁的含量较低，樱桃却不然，每100 g樱桃果实中含铁多达59 mg，居于水果首位。樱桃维生素A含量也较多，比葡萄、苹果、橘子多4～5倍。

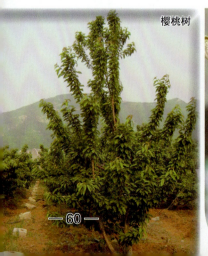

樱桃树

大樱桃新梢与花序

大樱桃开花

大樱桃开花

大樱桃坐果与发育

大樱桃坐果与发育

红色樱桃

黄色樱桃

枣

起源分类 枣为鼠李科枣属植物，原产于我国黄河流域。我国的枣树栽培历史可追溯到 7 000 年以前，枣是我国第一大干果、第七大水果。枣的分布又可分为北方栽培区和南方栽培区。北方栽培区为河北、山东、河南、山西、陕西、新疆六省区，南方栽培区包括湖南、浙江、江苏、江西、广西、安徽等省区。

生物学特性 枣树萌芽力强，叶幕形成快；萌芽率高、成枝力弱，单轴延伸能力强，树冠形成和扩大缓慢。枣树萌花芽当年分化、多次分化，花期长，由蕾期至落花期需要 20 d 左右。

栽培习性与品种 枣树是抗旱、耐涝能力较强的树种。枣树喜光，对土壤要求不高，在 pH 5.5～8.2 的条件下均能正常生长。从目前各栽培区的主栽品种来看，除鲜食外，北方绝大多数为制干或制干加工兼用品种，南方则为蜜枣品种。优良的鲜食品种有冬枣、临猗梨枣、大白铃等，制干品种有沧州金丝小枣、婆枣、相枣等。蜜枣品种有宣城圆枣、无核金丝小枣等。

枣树叶片

应用价值 枣果实含有非常丰富的糖、维生素C、环腺苷酸以及蛋白质、脂肪、芦丁、B族维生素和铁、磷、钙、锌等人体必需的物质，既可鲜食，也可制作加工果品。

枣树开花

冬枣坐果

临猗梨枣坐果

台湾青枣坐果

酸枣坐果

金丝小枣坐果

榛

起源分类　榛树为榛科榛属植物，主产地为土耳其。我国20世纪80年代前，榛树的大面积栽培种植比较少。1984年，辽宁经济林研究所通过杂交育种培育出平欧杂交大果榛子后，在长江以北至黑龙江南部地区商品化榛树栽培面积日益增加。

生物学特性　榛树为落叶灌木或小乔木，高1～7 m。叶互生，阔卵形至宽倒卵形；花单性，雌雄同株，先开花后展叶；雄花成荑黄花序，雌花2～6个簇生枝端，开花时包在鳞芽内，仅有花柱外露，呈红色。花期4—5月，果期9—10月。

栽培习性与品种
不同种类的榛树，对温度要求不一。欧榛喜温暖湿润的气候。榛树栽培适宜平均气温13～15 ℃、绝对低温 −10 ℃以上、极端高温低于38 ℃的地区。目前我国北方广泛栽植的抗寒优质高产的平欧杂交榛子品种有达维、平顶黄、金铃、玉坠、薄壳红、辽榛1号至辽榛8号等。

榛雌雄花序

应用价值　榛子除可鲜食外，也是食品工业中巧克力、糖果、糕点等加工食品的优质原料。榛子也是榨取食用油及多种工业用油的原料。榛子含有丰富的不饱和脂肪酸，可预防高血压、动脉硬化等心血管疾病。

榛树

榛红色幼梢

成熟果变色

达维结果状

达维丰产状

玉坠结果状

榛树结果状
采收后的榛子

木本常绿果树

澳洲坚果

起源分类 澳洲坚果又名昆士兰栗、澳洲胡桃、夏威夷果、昆士兰果，是山龙眼科澳洲坚果属植物。原产于澳大利亚，1979 年中国热带农业科学院南亚热带作物研究所开始进行澳洲坚果的引种试种研究。目前在我国广东、广西、海南、云南、贵州、四川、福建等省区栽植较多。

生物学特性 澳洲坚果是常绿乔木或灌木，高 19 m。叶披针形，总状花序腋生，花淡黄色或白色，果为蓇葖果，花期在广东湛江为 11 月至翌年 3 月，果期 8—10 月。

栽培习性与品种 澳洲坚果果树生长适宜气温为 10~30 ℃，适宜冬季无霜、年降雨量 2 000 mm 以上且分布均匀、干湿季节明显的气候条件。澳洲坚果有栽培价值的仅有 2 个种，即光壳种和粗壳种，食用栽植品种为光壳种，粗壳种一般可作观赏树或绿化树种。

澳洲坚果披针形叶片

应用价值 澳洲坚果果仁营养丰富，含有大量的不饱和脂肪酸、优质蛋白质、氨基酸，维生素 B_1、维生素 B_2、维生素 B_6，维生素 E 及钙、磷、铁、锌等。澳洲坚果可鲜食，还可用作面包糕点、糖果、巧克力和冰激凌等的配料。

澳洲坚果树

澳洲坚果加工果

波罗蜜

起源分类 波罗蜜属桑科波罗属常绿乔木，俗称菠萝蜜，原产于印度和东南亚热带地区，隋唐时从印度传入我国。菠萝蜜主要在海南、广东、广西、云南的热带、亚热带地区栽培，以海南省居多。

生物学特性 波罗蜜树高 10～20 m。叶革质，螺旋状排列，托叶大，佛焰苞状，早落。雄花序圆柱形或棍棒状，幼时包藏于佛焰苞状的托叶鞘内，聚花果长圆状，成熟时表面有六角形的瘤状凸起。

栽培习性与品种 波罗蜜是热带果树，0 ℃以下条件会对叶、枝条产生冻害。波罗蜜根系深，耐旱，一般要求年降雨量 1 500 mm 以上。波罗蜜要求阳光充足，但幼苗忌强烈阳光。波罗蜜有 30 多个品种，栽培品种有两个类型：干包类型（硬肉类），湿包类型（软肉类）。

应用价值 波罗蜜果肉中富含糖、蛋白质、维生素A、维生素C以及人体生长发育所必需的钾、钠、钙、锌等微量元素，对促进人体内新陈代谢、防病健身有益。波罗蜜果肉也可制作沙拉。种子富含淀粉，可以煮食，味如板栗。

波罗蜜树

波罗蜜叶片

波罗蜜雌花序

波罗蜜雄花散粉

波罗蜜果实成熟

波罗蜜坐果

橙

起源分类 橙为芸香科柑橘亚科柑橘属热带亚热带常绿果树，原产于中国南方及亚洲的中南半岛。橙主产于四川、广东、台湾、广西、福建、湖南、江西、湖北等省区。

生物学特性 橙属于常绿小乔木，高 2～3 m。叶片椭圆形，雄蕊多数，花期 5 月，果期 11 月。

栽培习性与品种 橙生长要求 1 月份平均气温在 6℃以上，≥10℃的有效积温在 4 500～7 000 ℃，无霜期 310 d 以上。橙对土壤要求不严，pH 5.5～7.5 的红壤、黄壤、紫色土、冲积土均可生长。在柑橘类中，橙品种最丰富，全世界有 400 多个品种。依据园艺性状和经济特点，橙分普通甜橙、脐橙、血橙和无酸甜橙。

应用价值 橙营养价值很高，富含较高的维生素 C，柑橘类所含的抗氧化物质较多，包括 60 多种黄酮类和 17 种类胡萝卜素。黄酮类物质具有抗炎症、强化血管和抑制凝血的作用。类胡萝卜素具有很强的抗氧化功效。这些成分使橙子对多种癌症的发生有抑制作用。

橙树

橙果实

脐橙

番木瓜

起源分类 番木瓜又称木瓜、万寿果，是番木瓜科番木瓜属热带亚热带果树。原产于墨西哥南部及临近的美洲中部地区，17世纪引入我国。目前在广东、海南、广西、云南、福建、贵州、台湾等省区栽培较多。

生物学特性 番木瓜是多年生常绿木本果树，叶大，有5～7掌状深裂，簇生于茎的顶端，花盛开时为乳白色，雌株所结果实近圆球形，两性株所结果实椭圆形。

栽培习性与品种 番木瓜喜高温多湿热带气候，最适于年降雨量1 500～2 000 mm的温暖地区种植，适宜生长的温度是25～32 ℃，番木瓜土壤适应性以微酸性至中性为宜。中国栽培的番木瓜主要品种有岭南种、穗中红、蓝茎、苏劳、泰国红肉、台农一号、台农二号、台农三号、日升等。

应用价值 成熟的番木瓜含有大量的蛋白质、维生素C、胡萝卜素和蛋白酶等。番木瓜既可鲜食，也可制成饮料、糖浆、果胶、冰激凌、果脯、果干等。番木瓜中含有一种酶，能消化蛋白质，有利于人体对食物进行消化和吸收，故有健脾消食之功效。番木瓜中的凝乳酶有通乳作用。

番木瓜掌状叶片

番木瓜开花

番木瓜结果

番木瓜果肉

番石榴

起源分类 番石榴为桃金娘科番石榴属热带亚热带多年生常绿木本果树。番石榴原产于美洲热带地区,传入我国已有300多年历史,我国广东、广西、福建、海南、台湾、云南、四川等省区均有露地栽培,北方温室栽培已获得成功。

生物学特性 番石榴为常绿小乔木或灌木,高4~6 m,一般栽培控制在2 m左右。番石榴常年开花结果,花两性白色。果实发育中为绿色,成熟时变成浅黄绿色。

栽培习性与品种 番石榴树喜光忌阴怕霜冻,生长最适温度23~28 ℃。年降雨量以1 000~2 000 mm为宜。土壤pH 4.5~8.0均能种植。番石榴的主要品种有草莓番石榴、巴西番石榴、哥斯达黎加番石榴。

应用价值 番石榴不仅可以直接食用,还可以被加工成果汁、果酱、果冻、水果蜜饯等不同的形式。番石榴含有较丰富的蛋白质、维生素A、维生素C等营养物质及磷、钙、镁等微量元素,种子中铁的含量更胜于其他水果。

番石榴树

番石榴坐果

番石榴果实成熟

佛手

起源分类 佛手果实成熟时心皮分离，形成细长弯曲的果瓣，状如手指，故名佛手，又名佛手柑、五指橘、九爪木。佛手瓜为常绿灌木或小乔木，栽培于广东、广西、福建、云南、四川、浙江、安徽等省区。

生物学特性 佛手树高 3~4 m，叶大，互生；叶片呈长椭圆形或矩圆形，佛手柑果卵形或矩圆形，长 10~25 cm，顶端分裂如拳，或张开如指，外皮鲜黄色，有乳状突起，无肉瓤与种子。

栽培习性与品种 佛手为热带、亚热带植物，喜温暖湿润、阳光充足的环境，不耐严寒、怕冰霜及干旱，耐阴，耐瘠，耐涝。以雨量充足，冬季无冰冻的地区栽培为宜。最适生长温度 22~24 ℃，越冬温度 5 ℃以上，年降水量以 1 000~1 200 mm 最适宜。佛手的香气比香橼浓，久置更香。药用佛手因产区不同而名称有别。产自浙江的称兰佛手（主产地在兰溪市），产自福建的称闽佛手，产自广东和广西的称广佛手，产自四川和云南的，分别称川佛手与云佛手或统称川佛手。

应用价值 佛手有较强的观赏价值，也有较高药用价值。其根、茎、叶、花、果均可入药；性味：辛、苦、温、无毒；入肝、脾、胃、肺经，有理气化痰、止呕消胀、舒肝健脾、和胃等多种功能。对老年人的气管炎、哮喘病有明显的缓解作用；对一般人的消化不良、胸腹胀闷，有显著的疗效。佛手可制成多种中药材，久服有保健益寿的作用。

佛手树

佛手果实

橘子

起源分类 橘（桔）子是芸香科柑橘属果树。橘子原产我国，栽培历史4 000多年，主要分布在长江中下游和长江以南地区。目前在浙江、福建、湖南、四川、广西、湖北、广东、江西、重庆和台湾等省区栽培较多。

生物学特性 橘子树体较矮，为灌木或小乔木。单身复叶。叶片披针形、椭圆形或阔卵形。花单生或2～3朵簇生，花期4—5月，果期10—12月。

栽培习性与品种 橘子树耐阴，喜温暖湿润的气候，不耐寒，适生于深厚肥沃的中性至微酸性的沙壤土。橘子生长要求年平均气温在15～16 ℃及以上，生长期间，以年降水量1 000～1 500 mm的地区为宜。橘（桔）子的种类繁多，包括：砂糖橘、蜜橘、贡橘、长兴岛橘、黄岩橘、福橘、叶橘、天台山蜜橘、贡橘、黄岩蜜橘等。

应用价值 橘子可鲜食，也可加工成罐头、蜜饯、果酱、果糕、果冻、果糖等耐储存的制品，还可以制成果汁、果酒等饮料。橘子含有170余种植物化合物和60余种黄酮类化合物，其中的大多数物质均是天然的抗氧化剂。

红橘树

红橘

橘子坐果

橘果实

荔枝

起源分类 荔枝是我国特色树种，无患子科荔枝属果树。荔枝原产于我国岭南，目前主要分布于我国南部的广东、广西、福建、四川、台湾、云南等省区。

生物学特性 荔枝树体多为主枝圆头形，荔枝是雌雄同株异花的树种，聚伞花序，圆锥状排列。果实未成熟时青绿色，成熟才显出该品种固有的颜色。

栽培习性与品种 荔枝营养生长时期所要求的适宜温度是 24～30 ℃，一般要求年日照时数在 1 800～2 000 h，土层深厚、排水良好的微酸性（pH 5～6.5）的红壤或冲积土。目前荔枝共有 60 多个品种，其中被人们所熟知的有十几个品种，如广东的三月红、玉荷包（早熟）、黑叶、怀枝（中熟）、挂绿、糯米糍（晚熟）等。

应用价值 荔枝除鲜食、干制外，果肉还可制作罐头、渍制、酿酒和制成其他加工品。荔枝果肉中含丰富的葡萄糖、蔗糖，总糖量在 70% 以上，丰富的糖分具有补充能量增加营养的作用。

荔枝树结果

荔枝树

荔枝树开花

莲雾

起源分类 莲雾在新加坡和马来西亚一带叫做水蓊，是桃金娘科的常绿小乔木学名洋蒲桃，俗称莲雾。原产于马来半岛，在马来西亚、印度尼西亚、菲律宾普遍栽培，目前，我国台湾、广东、广西、福建、云南、海南等省区引进栽培，其中台湾种植较多，属珍优特种水果，发展潜力很大。

生物学特性 莲雾树高2～3 m，周年常绿，树冠圆头状，叶片为单叶对生。花为聚伞花序顶生或腋生，每个花序有3～9朵乳白色的小花，果成熟在5—6月。果实为肉质，形状有梨形和钟形等，成串聚生。

栽培习性与品种 莲雾性喜温暖、怕寒冷，最适宜生长温度为25～30 ℃，适宜在冬季无霜害的地区栽培。莲雾的品种主要以从原产国引种栽培为主，我国台湾培育出一些莲雾新品种，如黑珍珠、黑钻石、苏玉钻石、黑金刚、大叶等。

应用价值 莲雾果实除鲜食外，还可以做莲雾汁、莲雾蜜饯、莲雾罐头、莲雾果酱、莲雾醋等。莲雾在食疗上有清热、利尿、安神、润肺、止咳、除痰等功能，能辅助治疗咳嗽、痔疮、腹满、肠炎、痢疾、糖尿病等常见疾病。

莲雾坐果

莲雾树

莲雾初开花

莲雾开花

果实成熟

莲雾果肉

榴梿

　　起源分类　榴梿为锦葵科榴莲属植物，又名韶子、麝香猫果，我国台湾地区俗称"金枕头"。原产于泰国、马来西亚、印度尼西亚、文莱，以泰国栽植最多，近些年我国海南、广东、广西、湖南等省区也有栽培。

　　生物学特性　榴梿树高 15～20 m。主干明显，叶片长圆，聚伞花序，花色淡黄，果实足球大小，果皮坚实，密生三角形刺。

　　栽培习性与品种　榴梿属于热带水果，在全年基本无霜冻、日均气温 ≥10 ℃、积温 7 000～7 500 ℃及以上、年降水量 1 000 mm 以上地区才能正常生长。榴梿的种类很多，目前栽植较多的是金枕头、葫芦和坤宝等品种。

　　应用价值　榴梿营养价值极高，经常食用可以强身健体，健脾补气，补肾壮阳，温暖身体，属滋补有益的水果；榴梿性热，可以活血散寒，缓解经痛，特别适合受痛经困扰的女性食用；它还能改善腹部寒凉、促进体温上升，是寒性体质者的理想补品。

榴梿开花

榴梿坐果

榴梿果实

龙眼

起源分类 龙眼，又称桂圆、荔枝奴，为无患子科龙眼属亚热带果树。龙眼与荔枝、香蕉、菠萝（凤梨）同为华南四大珍果。一般将鲜果称为龙眼，龙眼晒干后称为桂圆。我国龙眼现主要分布于广东、广西、福建和台湾等省区。

生物学特性 龙眼为常绿大乔木，树体高大，圆锥花序顶生或腋生，花期3—4月，果期7—8月。

栽培习性与品种 龙眼喜温忌冻，年均温20～22 ℃较适宜，最适年降水总量为1 000～1 600 mm，对土壤的适应性强。我国大面积栽培的品种，如福建的"福眼"，广东、广西的"石硖""乌圆"等都是有上百年栽培历史的品种。

应用价值 龙眼果实除鲜食外，还可制成罐头、酒、膏、酱等，亦可加工成桂圆干肉等。龙眼花是一种重要的蜜源植物，龙眼蜜是蜂蜜中的上等蜜。

龙眼树

龙眼坐果

龙眼开花

龙眼果实及内部果肉、种子

芒果

　　起源分类　芒果是杧果的通俗名，别称檬果、樣仔、庵罗果，为漆树科芒果属植物。原产地为印度、马来西亚、缅甸，目前芒果在我国的台湾、广东、广西、海南和福建南部，云南南部有广泛种植。

　　生物学特性　芒果为常绿乔木，新叶为紫红色，旧叶为绿色。花顶生，圆锥花序。果实成熟在 6—9 月。

　　栽培习性与品种　芒果生长要求年均温 20 ℃以上，最低月均温15 ℃以上，芒果对土壤适应性较广，但忌渍水和碱性过大的石灰质土。

　　芒果栽培种按胚性可分为单胚和多胚 2 大类型。我国栽植的优良芒果品种有台农一号、象牙芒、凯特芒、贵妃芒、鸡蛋芒、四季蜜芒、桂香芒等。

　　应用价值　芒果果实除鲜食外，还可加工成果酱、果汁、果粉、蜜饯及各种腌制品。在保健上，芒果能降低胆固醇、甘油三酯，常食有利于防治心血管疾病。

芒果坐果

芒果树

芒果树开花

芒果果实成熟

芒果果肉

柠檬

起源分类 柠檬，又称柠果、洋柠檬、益母果等，是芸香科柑橘属的常绿小乔木，原产于东南亚。目前在地中海沿岸、东南亚和美洲等地都有分布，我国四川、台湾、福建、云南、广西等地也有栽培，其中四川安岳种植面积较大，占全国种植柠檬面积的80％以上。

生长习性 柠檬叶片卵形或椭圆形，花瓣外面淡紫红色，内为白色，花期4—5月，果期9—11月。

品种类型 柠檬性喜温暖，耐阴，不耐寒，也不耐热，适宜生长在年平均温 17～19 ℃的地区。柠檬的栽培品种有几十个之多，其中主要品种有尤力克（Eureka）柠檬、里斯本（Lisbon）柠檬、费米耐罗（Femminello）柠檬、维拉法兰卡（Villafranca）柠檬、香柠檬（北京柠檬、美亚柠檬）。

应用价值 柠檬果实一般不生食，而是加工成饮料或食品，如柠檬汁、柠檬果酱、柠檬片、柠檬饼等。鲜柠檬维生素含量极高，是美容的天然佳品，能防止和消除皮肤色素沉着，具有美白作用。

柠檬坐果

柠檬果实及果肉

柠檬树

诺丽

起源分类 诺丽是海滨木巴戟的俗名。诺丽又名海巴戟天，诺尼，是一种热带常绿多年生阔叶灌木或小乔木，为茜草科巴戟天属植物。南太平洋群岛为诺丽的原产地，我国广东、广西、台湾等地都有栽植。

生物学特性 在原生地气温一年四季30～35 ℃的环境下诺丽是全年结果的。其最理想的生长地带是沿赤道线分布在北纬10°至南纬10°的区域，其他地区如菲律宾、夏威夷、斐济、柬埔寨、中国海南岛、中国台湾岛也有分布。诺丽因为环境及气候的条件限制，不论产量或质量都存在很大的差异，或因为环境污染、土质因素导致诺丽果基因变异，这些地区的诺丽果一般都青涩、小而坚硬，无法长出质量优异的果实。

栽培习性与品种 海南地区有野生的诺丽果树。一般海南三亚的种植户利用西沙群岛的野生诺丽果和澳大利亚的诺丽品种进行杂交，筛选优良品系进行栽植。

应用价值 诺丽果一般不鲜食，加工成果汁食用。果实包括多种维生素、矿物质、微量元素及人体所必需的20多种氨基酸（是植物中含氨基酸种类最多的）。它含有具有抗氧化作用的物质，尤其是含有赛洛宁，可以提高身体免疫力。

诺丽果

诺丽树

诺丽叶片　　　　　诺丽坐果

诺丽开花

诺丽果实成熟

枇杷

起源分类 枇杷是蔷薇科枇杷属植物。原产于我国四川、陕西、湖南、湖北、浙江等省，栽培历史 2 000 多年。长江以南各省多作果树栽培，江苏吴县洞庭山区及福建云霄县是枇杷的著名产地。

生物学特性 枇杷树为常绿小乔木，树冠呈圆状，一般树高 3～4 m。叶厚，深绿色，圆锥花序，花多而紧密，花期 10—12 月，果期为翌年 5—6 月。

栽培习性与品种 枇杷喜光，稍耐阴，喜温暖气候和肥水湿润、排水良好的土壤，不耐严寒，栽培的年平均气温应在 15～17 ℃。枇杷品种可分为红沙枇杷、白沙枇杷两类。优良品种有浙江塘栖"软条白沙""大红袍"江苏洞庭山"照种白沙"福建莆田"大钟"等。

应用价值 枇杷果实富含纤维素、果胶、胡萝卜素、钾、磷、铁、钙及维生素 A、B 族维生素、维生素 C。枇杷中含有苦杏仁苷，能够润肺止咳、祛痰。

枇杷开花

枇杷果实基部短柄

温室枇杷树

枇杷坐果

人心果

起源分类 人心果为山榄科热带水果，为常绿乔木，原产于墨西哥南部至中美洲、西印度群岛一带，因人心果外形长得像人的心脏，故因而得名。我国主要分布在台湾、海南、福建、广东、广西等省区，在台湾人心果也被称为"吴凤柿"。

生物学特性 人心果树高8～15 m或更高，叶互生，密集于枝顶，革质，长圆形或卵状椭圆形，浓绿色，有光泽，人心果的果皮呈浅咖啡色，表皮粗糙，果成熟后呈灰色或锈褐色，果肉黄褐色、柔软，呈透明状，果皮很薄。果实的甜度颇高，吃起来味道润滑香甜。但其外观、色泽均不太雅观，含水分也不高，里面含有的胶质和砂细胞常黏附牙齿。

栽培习性与品种 人心果在11～31 ℃都可正常开花结果，幼果在 –1 ℃受冻害，大树在 –4.5 ℃易受冻害，–2.2 ℃受寒害，应在气温较高的地区种植。我国台湾曾先后自美国加利福尼亚州、印度尼西亚爪哇岛、印度加尔各答等地引入当地选出的优良品种，目前栽培的主要品种有马尼拉、阿伯尔、比妥。

应用价值 人心果营养丰富，果实中含有蛋白质、脂肪、糖分以及对人体生长有益的多种微量元素、矿物质和氨基酸。人心果含有的硒、钙量更是远高于一般的水果、蔬菜。人心果有清心润肺之功效，种子、树皮和根可入药，树干胶汁可作口香糖的胶料，是经济价值高的树种。

人心果树

人心果叶片

人心果花蕾

人心果坐果

人心果果实

山竹

起源分类 山竹，又称凤果，属藤黄科常绿乔木，原产马来西亚，在东南亚地区如马来西亚、泰国、菲律宾、缅甸栽培较多。目前，我国台湾、福建、广东、广西和云南等省区也有引种和栽培。

生物学特性 山竹树高可达 15 m，果树寿命长达 70 年以上。叶片椭圆形，花期 9—10 月，果期 11—12 月。

栽培习性与品种 山竹在年降雨量 2 000～2 500 mm 的热带雨林生长茂盛。最好的生长条件是温暖、潮湿、无雨季的地区。山竹分为油竹、花竹和沙竹。油竹呈黑色；花竹果把为红色、果面红中带黑；沙竹表面不光滑，果面呈黑色。

应用价值 山竹果实含可溶性固形物 16.8％，柠檬酸 0.63％，还含有维生素 B_1，维生素 B_2 和矿物质，具有降燥、清凉解热的作用。

山竹果实

山竹坐果

酸梅

起源分类 酸梅也叫青梅，梅子，龙脑香科青梅属果树，原产于我国，是我国亚热带特产水果，分布于长江流域以南，生于海拔 3~4 m 的海滩直至海拔 900 m 的博士瘠薄山坡，以海拔 200~500 m 处较为普遍。泰国、马来西亚、印度尼西亚、菲律宾也有分布。

生物学特性 酸梅为乔木，具白色芳香树脂，高约 20 m。叶长圆形，圆锥花序顶生或腋生，果实球形，增大的花萼裂片其中 2 枚较长，长 3~4 cm，宽 1~1.5 cm，先端圆形，具纵脉 5 条。花期 5~6 月，果期 8~9 月。青梅较适种于亚热带夏湿冬干、温暖湿润的气候，是生长于夏湿地带的喜光植物；开花期和幼果期对温度要求特别严格，开花期要求 15℃ 以上的天数达到 30%；它的生长和结果要求有适度的雨量，一般年降雨量在 800~2 000 mm 青梅才能良好地生长、结果。

栽培习性与品种 广东省普宁市是我国酸梅之乡。普宁种植酸梅约有 700 年的历史。早在 20 世纪 20 年代，普宁就以盛产酸梅而闻名遐迩，酸梅是普宁市大宗传统水果之一。酸梅有 23 个品种，其中主要栽培品种 8 个，即青竹梅类中的软枝大粒梅和硬枝大粒梅、桃梅、粉梅、黄梅、乌犍梅、萝岗海、土种梅。

应用价值 酸梅肉厚、质脆、酸度高，品质上等，营养丰富，药用价值高，用途广，除可鲜食外，大部分用于加工制作成果脯蜜饯、药材和保健用品等。

酸梅树

酸梅叶片　　　　　　　酸梅开花

酸梅坐果

西番莲

起源分类 西番莲是西番莲科西番莲属热带植物，别名鸡蛋果、百香果、洋石榴等，原产于巴西，现广泛种植于世界热带至温带地区。我国主要分布在台湾、广东、福建、广西、云南、浙江、四川等省区。

生物学特性 西番莲为草质或半木质藤本果树。主根不明显，蔓长10 m以上，花两性，单生于叶腋。果实卵形或圆球形，随着果实发育，果面由绿色转为红色。

栽培习性与品种 西番莲喜光，喜温暖高湿的气候。肥沃、排水良好的土壤，pH大于6，20～30 ℃的气温等条件最适宜于西番莲的生长。西番莲的主要栽培品种有黄果、紫果、黄果与紫果杂交种三大类。

应用价值 西番莲含有丰富的营养成分，其糖类、蛋白质、有机酸、维生素、可食纤维、微量元素等含量较高，还具有30多种挥发性芳香物质，浓香扑鼻，可鲜食或加工成果汁饮料。

西番莲坐果

西番莲植株　　　西番莲开花

西番莲果实成熟

腰果

起源分类 腰果属漆树科腰果属常绿热带果树。腰果原产于热带美洲，主产国是巴西、印度，16 世纪引入亚洲、非洲和南美洲的部分热带国家和地区。我国于 50 多年前引种，海南和云南均有种植。

生物学特性 腰果树干直立，树高达 10 m。单叶革质、互生，圆锥花序，花枝总状排序。腰果花序边抽花枝，边现蕾，边开花，边成果。

栽培习性与品种 腰果是典型热带果树，不耐低温，年均温 24~28 ℃最适合生长。腰果喜光，最适宜的年日照时数为 1 500~2 000 h，年降雨量在 1 000~1 600 mm 为宜。

我国腰果品种选育尚停留在无性系选优阶段，海南腰果丰产研究中心选育出 P-6336、FL30、HI2-13、HI2-21 和 GA63 等 5 个高产腰果无性系。

应用价值 腰果除鲜食外，还可用于制腰果巧克力、点心和油炸盐渍食品。它的营养十分丰富，含脂肪高达 47%，蛋白质 21.2%，糖类 22.3%，含多种维生素和矿物质，特别是其中的锰、铬、镁、硒等微量元素，具有抗氧化、防衰老的作用。

腰果叶片

腰果树

腰果果实　腰果开花

腰果坐果

杨梅

起源分类 杨梅是杨梅科杨梅属亚热带果树。杨梅原产于我国，已有 1 500 多年的栽培历史，大致分布于长江流域以南、海南岛以北地区，浙江省是我国杨梅栽植最多的地方。

生物学特性 杨梅树高可达 12 m，树冠球形。单叶互生；雌雄异株，2 月下旬至 4 月上旬为开花期，5 月中旬至 6 月上旬为果实发育盛期，7 月上旬前采果。

栽培习性与品种 杨梅栽植应选择山坡地或丘陵地、坡度在 40°以下、土壤疏松、少风害、排水良好，pH 4.0～7.5 的沙质红壤或黄壤上。杨梅生长年均气温在 13～18 ℃。按果实颜色分，杨梅栽培品种可分为乌梅类、紫红梅类、红梅类和白梅类。

应用价值 杨梅果实风味独特，色泽鲜艳，汁液多，营养价值高，除鲜食外，还可加工成盐坯干、糖渍杨梅、盐渍杨梅、糖水罐头、果汁、果酱、蜜饯等。

杨梅

杨桃

起源分类 杨桃又称五敛子、阳桃等，是酢浆草科五敛子属植物，原产于亚洲东南部，在我国已有 2 000 多年的栽培历史。目前我国栽植区分布在福建、台湾、广东、海南、广西、云南等省区。

生物学特性 杨桃花小，两性，白色或淡紫色，腋生圆锥花序；花期春末至秋。浆果卵形至长椭球形，有 3～5 棱，横切面呈星芒状。

栽培习性与品种 杨桃性喜高温，10 ℃以下受寒害，开花期需 27 ℃以上的温度。杨桃喜湿，较耐阴，忌冷，怕旱，怕风。杨桃分为酸杨桃和甜杨桃两大类。酸杨桃果实大而酸，俗称"三稔"，多作烹调配料或加工蜜饯。甜杨桃可分为大花、中花、白壳仔三个品系，其中以广州花地产的"花红"品味最佳。

应用价值 杨桃成熟果实除可鲜食，也可制果酱、罐头、蜜饯、果干、果脯、鲜果汁、医药糖浆等。用杨桃煮汤或浸渍汁作茶饮称为杨桃汤、杨桃茶。杨桃食用时先清洗干净，用刀削掉五（或六）个硬边，然后再用刀切成薄薄的五角星片，就可以食用了。

杨桃树

杨桃坐果

杨桃果实成熟

椰子

起源分类 椰子为棕榈科椰子属单子叶多年生常绿乔木，原产于亚洲东南部的印度尼西亚至太平洋群岛。我国的椰子是由越南引入，已有2 000多年的栽培历史。分布在海南、广东、台湾、云南、广西等省区，以海南为主要产区。

生物学特性 高种椰子是目前世界种植量最大的优质椰子，树干围径90～120 cm，树高可达20多 m，茎干基部膨大称"葫芦头"。椰子树雌雄同序，花期不同，先开雄花，后开雌花，异花授粉。椰子自受精至果实发育成熟需12个月的时间。

栽培习性与品种 椰子生长最适生长温度为26～27 ℃；年降雨量1 500～2 000 mm 及以上，而且分布均匀；适宜的土壤是海岸冲积土和河岸冲积土。椰树栽培品种中按颜色分主要有绿椰、黄椰和红椰三种。香水椰子是绿矮椰子中的一个特异变种类型，是新嫩果型椰子新品种，目前在市场上非常紧俏。

应用价值 椰子果实素有"生命树""宝树"之称，果肉可以吃，也可榨油，营养丰富，果皮纤维可结网，树干可做建筑材料。

椰树

椰树坐果

成熟椰果

椰肉及椰汁

柚子

　　起源分类　柚子是芸香科柑橘属果树，原产于泰国和马来半岛，后传入我国，在华南地区广泛种植，栽培历史3 000年左右。其中以广西沙田地区所产的柚子质量最高。目前，柚子主要产于我国福建、江西、广东、广西等南方省区。

　　生物学特性　柚为常绿乔木，嫩叶通常为暗紫红色，总状花序，花期4—5月，果实成熟期10—11月。

　　栽培习性与品种　柚子对土壤要求不严格，土壤pH 5.5~6.5为宜。世界四大名柚为沙田柚、文旦柚、坪山柚、暹罗柚。

　　应用价值　鲜柚肉由于含有类似胰岛素的成分，是糖尿病患者的理想食品。晒干的柚子皮煮水后，用水热敷可缓解冻伤。

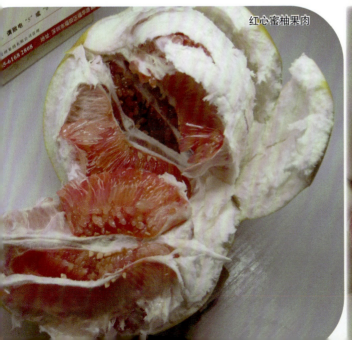

红心蜜柚果肉

柚子连冀叶

柚树茎刺

柚树开花

柚子坐果

多年生草本果树

菠萝

起源分类 菠萝又称凤梨，是凤梨科凤梨属多年生草本果树。菠萝原产于中南美洲，主要产区集中在泰国、菲律宾、印度尼西亚等，于17世纪传入我国。我国菠萝的栽培区主要分布在广东、海南、广西、福建、云南等省区。

生物学特性 菠萝矮生，多年生常绿草本植物，株高 0.7～1.5 m，无主根，叶剑形，穗状花序顶生，着生许多小花，肉质复果。

栽培习性与品种 菠萝根系对温度的反应比较敏感，15～16 ℃开始生长，29～31 ℃生长最旺盛，一般月平均降雨量为 100 mm 时，能满足菠萝正常生长，菠萝喜欢漫射光而忌直射光。菠萝栽培品种分 4 类，即卡因类、皇后类、西班牙类和杂交种类。

应用价值 菠萝果实营养丰富，含多种维生素及钙、铁、磷等。菠萝可作为鲜食也可加工成菠萝罐头、菠萝果汁、菠萝酱等，还可制糖、酒精、味精和柠檬酸等，其中菠萝罐头能较好地保持原来鲜果的风味，广受消费者的欢迎。

菠萝植株

菠萝剑形叶

菠萝肉质茎

菠萝结果状

菠萝果实成熟

草莓

起源分类 草莓属于蔷薇科草莓属多年生草本植物。草莓原产于欧洲，20世纪初传入我国。目前河北省和辽宁省是我国最大的草莓产区，其次是山东、江苏、浙江、吉林、四川等省。河北保定和辽宁丹东是全国最早发展起来的两大草莓基地。

生物学特性 草莓植株矮小，呈丛状生长。新茎具长柄三出复叶。聚伞花序顶生，花白色或淡红色。

栽培习性与品种 草莓是浅根系作物，在富含有机质、通气好的沙质壤土地中生长最好。草莓对水反应很敏感，要求较高的土壤湿度和空气湿度。草莓的栽培品种上百种，多数是从国外引进的，分为促成栽培品种（红颜、白雪公主、桃熏、章姬、艳丽），半促成栽培和露地栽培品种（全明星、吐特拉、新世纪、哈尼、保交早生、丽红、早红光）。

应用价值 草莓除鲜食外，还可以加工制成草莓酱、草莓汁、草莓酒、草莓蜜饯等多种食品。草莓营养丰富，尤其是维生素C的含量非常丰富。

温室草莓

草莓叶片

草莓白花

草莓红花

草莓坐果

白雪公主草莓

红颜草莓

艳丽草莓

桃熏草莓

章姬草莓

温室后墙种植草莓

火龙果

起源分类 火龙果为仙人掌科量天尺属肉质果树，因其果实外表具软质鳞片如龙状外卷，故称火龙果，又名红龙果、仙蜜果。其原产于中美洲，在热带美洲、西印度群岛、南佛罗里达及其他热带地区均有分布。我国陆续从台湾引种到广东、广西、海南等省区种植。

生物学特性 火龙果为多年生肉质植物，茎蔓呈三角状，花蕾似漏斗，花瓣纯白色，花萼黄绿色，肉质厚，成鳞状片。果期在4—11月。

栽培习性与品种 火龙果是一种典型热带、亚热带植物，耐旱、耐高温，对土质要求不高，但宜选择有机质丰富的沙壤土、红壤土，排水性好的土壤种植，不宜在冬季温度长时间低于8 ℃的地区种植。火龙果按其果皮果肉颜色可分为红皮白肉、红皮红肉、黄皮白肉3大类。优良品种有香蜜龙、台农一号、紫罗兰、粉水晶、台湾双色、黄龙等。

应用价值 火龙果果实营养丰富，含有丰富的维生素、纤维素、葡萄糖及人体所需等多种矿物质、蛋白质，脂肪含量较少。块茎除刺后可鲜食或制作果汁、冰激凌。

红肉火龙果

火龙果造型树

火龙果植株

火龙果茎蔓

火龙果开花

黄色火龙果

红色火龙果

香蕉

起源分类 香蕉属芭蕉科芭蕉属植物。原产于亚洲东南部热带、亚热带地区。以中美洲产量最多，其次是亚洲。我国香蕉主要分布在广东、广西、福建、台湾、云南和海南等省区，贵州、四川、重庆也有少量栽培。

生物学特性 香蕉为大型多年生的热带草本果树，无主根，由浅生须根组成，香蕉叶片长圆形，花序为穗状花序，顶生，花序基部是雌花，中部是中性花，顶端是雄花。

栽培习性与品种 香蕉喜高温多湿，生长温度为20~35 ℃，最适宜温度为24~32℃。香蕉对土壤要求较严，以黏粒含量＜40%、地下水位在1 m以下的沙壤土，尤其是冲积土壤或腐殖质壤土为适宜。我国香蕉品种主要分4类，香牙蕉、粉蕉、贡蕉、大蕉。香牙蕉种植面积约86%，粉蕉种植面积约12%，贡蕉和大蕉种植面积约2%。

应用价值 香蕉果实除作鲜果食用外，可加工制罐头、果脯、香蕉干、果汁、香精等。香蕉的假茎、吸芽、花蕾都含有大量的营养物质，可作饲料。香蕉可提供较多的能降低血压的钾离子，有抵制钠离子升压及损坏血管的作用。

香蕉树

香蕉地下茎

香蕉果束

香蕉花苞开花

香蕉成熟果

参考文献

[1] 刘传和，贺涵，邵雪花，赖多，匡石滋，肖维强，何秀古.菠萝品种选育与栽培技术研究进展［J］.农学学报，2021，11（08）：53－59.

[2] 江杨.番木瓜的种植和开发利用［J］.南方农业，2018，12（23）：37－38.

[3] 周良材.番石榴高品质栽培技术要点［J］.南方农业，2021，15（15）：21－22.

[4] 徐义忠.果桑栽培模式和配套技术探究［J］.广东蚕业，2022，56（04）：13－15.

[5] 黄盖群，刘刚，危玲等.10个果桑品种（系）的物候期及主要性状研究［J］.四川蚕业，2017，45（01）：15－17.

[6] 赵培如.果桑主要品种及丰产栽培技术［J］.中国果菜，2011（7）：15～16.

[7] 乌丽加特·伦加甫.黑加仑丰产栽培技术要点［J］.南方农业，2018，12（20）：53，55.

[8] 温映红.黑加仑新优品种及无公害栽培技术［J］.北方园艺，2014（11）：53－55.

[9] 齐云.浅析黑穗醋栗的栽培与管理［J］.山西林业科技，2017，46（03）：62－64.

[10] 王瑞，于洪侠，祁永会.黑穗醋栗开发利用现状及发展前景［J］.现代农业研究，2016，（01）：30.

[11] 张红梅，张铁本.蓝莓无公害栽培技术及病虫害防治的研究［J］.农机使用与维修，2022，（04）：104－106.

[12] 杨静.蓝莓引种试验及品种适应性研究［J］.耕作与栽培，2021，41（06）：72－75.

[13] 黄建辉.莲雾高产栽培技术［J］.绿色科技，2018，（15）：95－100.

[14] 宋维静.软枣猕猴桃规模种植高产高效管理技术［J］.果树实用技术

与信息，2022，（06）：13—16.

[15] 周良材.番石榴高品质栽培技术要点[J].南方农业，2021，15（15）：21—22.

[16] 何登远.浅谈桑树的主要栽培及病虫害防治技术[J].特种经济动植物，2022，25（06）：134—136.

[17] 首文莉，岳雪慧.浅谈桑树栽培管理技术[J].广东蚕业，2022，56（03）：5—7.

[18] 刘春，方锡佳，李锦锦.中国石榴种质资源研究进展[J].安徽农业科学，2022，50（12）：34—36，40.

[19] 叶万军，宋丽娟，王志伟，景秋菊，苏云珊.黑龙江小浆果资源的综合利用与开发[J].中国林副特产，2018，（04）：62—64.

[20] 李伟，巢克昌，商俊丽等.无花果的种植与开发[J].上海农业科技，2007，（6）：66～67.

[21] 韩素芳.无花果的生态高效栽培技术[J].浙江林业，2021，（11）：26.

[22] 徐义忠.果桑栽培模式和配套技术探究[J].广东蚕业，2022，56（04）：13—15.

[23] 刀平生.西番莲栽培[J].云南农业，2019，（10）：61—62.

[24] 赵兴蕊，陈玲玲，王洪云等.西番莲属植物资源的研究概况[J].云南化工，2021，48（04）：17—19.

[25] 黎曼曼，韩叶萍，方宣钧.金椰子与青椰子[J].分子植物育种，2022，20（06）：2093.

[26] 刘林.浅析大果榛子栽培管理技术[J].南方农业，2021，15（35）：83—85.

[27] 刘春，方锡佳，李锦锦.中国石榴种质资源研究进展[J].安徽农业科学，2022，50（12）：34—36

[28] 张锦东.菠萝蜜的综合利用研究[D].华南理工大学，2019.

[29] 刘帆，付登强，周焕起等.槟榔栽培技术研究进展[J].热带农业科学，2022，42（04）：16—21.

 # 附录 果树栽培学分类方法

木本落叶果树

仁果类果树

一、苹果

二、梨

三、山楂

四、海棠

核果类果树

一、桃

二、李

三、杏

四、樱桃

五、欧李

浆果类果树

一、葡萄

二、猕猴桃

三、无花果

四、树莓

五、黑加仑

六、蓝莓

七、果桑

八、石榴

九、桤叶唐棣

坚果类果树

一、核桃

二、榛

三、板栗

三、阿月浑子

四、扁桃

五、澳洲坚果

柿枣类果树

一、柿

二、枣

木本常绿果树

柑果类果树

一、橘子

二、橙

三、柠檬

四、柚子

热带亚热带果树

一、芒果

二、龙眼

三、荔枝

四、番木瓜

五、枇杷

六、番石榴

七、杨桃

八、椰子

九、榴莲

十、莲雾

十一、西番莲

十二、山竹

十三、杨梅

十四、澳洲坚果

十五、腰果

十六、菠萝蜜

十七、佛手

十八、诺丽

十九、人心果

二十、酸梅

多年生草本果树

一、草莓

二、香蕉

三、菠萝

四、火龙果